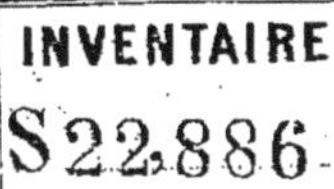

MÉMOIRE

SUR LES

PLANTES NUISIBLES AUX MOISSONS ET AUX PRAIRIES,

Par J. BATAILLARD,

GREFFIER A AUDEUX,

MEMBRE DE LA SOCIÉTÉ IMPÉRIALE ET CENTRALE D'AGRICULTURE DE FRANCE, DES SOCIÉTÉS
LINNÉENNE DE BORDEAUX, ACADÉMIQUE DES HAUTES-PYRÉNÉES, ETC.

OUVRAGE COURONNÉ PAR LA SOCIÉTÉ IMPÉRIALE ET CENTRALE D'AGRICULTURE.

BESANÇON,

IMPRIMERIE DE J. JACQUIN,

Grande-Rue, 14, à la Vieille-Intendance.

1861.

MÉMOIRE

SUR LES

PLANTES NUISIBLES AUX MOISSONS ET AUX PRAIRIES,

Par J. BATAILLARD,

GREFFIER A AUDEUX,

MEMBRE DE LA SOCIÉTÉ IMPÉRIALE ET CENTRALE D'AGRICULTURE DE FRANCE, DES SOCIÉTÉS
LINNÉENNES DE BORDEAUX, ACADÉMIQUE DES HAUTES-PYRÉNÉES, ETC.

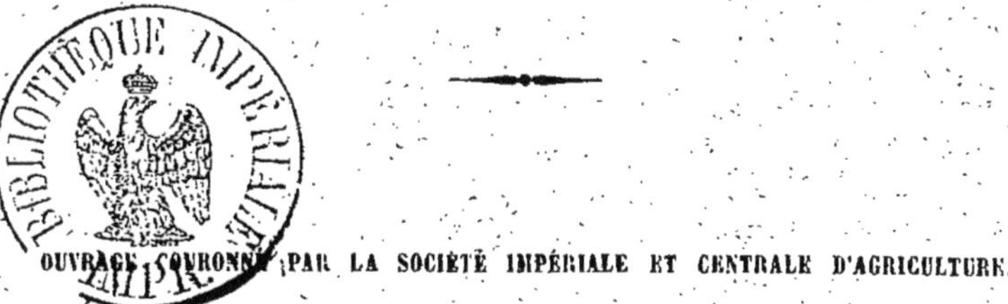

OUVRAGE COURONNÉ PAR LA SOCIÉTÉ IMPÉRIALE ET CENTRALE D'AGRICULTURE.

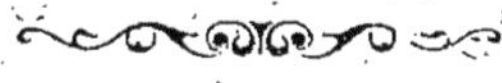

BESANÇON,

IMPRIMERIE DE J. JACQUIN,

Grande-Rue, 14, à la Vieille-Intendance.

1861.

MÉMOIRE

SUR LES

PLANTES NUISIBLES AUX MOISSONS ET AUX PRAIRIES.

Pour bien entretenir une prairie, il serait très utile d'y pratiquer chaque année des sarclages, comme cela se fait en Italie, en Prusse, en Angleterre, en Belgique, etc.

En arrachant les mauvaises herbes, on élargit la place qui doit revenir aux bonnes, on augmente la quantité et la qualité du foin.

Parmi les plantes qui figurent dans le catalogue suivant, il en est qui sont utiles dans certains cas et nuisibles dans d'autres; la spergule, par exemple, nuit aux moissons dans lesquelles elle croît, tandis que cultivée seule elle constitue un excellent fourrage.

Nous avons décrit la belladone, la ciguë, la jusquiame, la renoncule flammette et la stramoine, bien qu'elles ne croissent ni dans les prés ni dans les moissons; mais comme elles sont très dangereuses, nous avons jugé utile de les signaler à l'attention des cultivateurs.

Dans le catalogue qui suit, nous avons indiqué à l'aide de signes conventionnels le degré d'abondance ou de rareté des plantes, savoir:

C. C. Très commune.
C.   Commune.
A. C. Assez commune.
R.   Rare.

Plantes nuisibles aux Moissons et aux Prairies.

Achillée - millefeuilles, vulgairement *saignette* ou *herbe aux charpentiers*. Famille des composées. Vivace, pubescente ou velue. Taille de 2 à 6 décimètres. Fleurs blanches ou purpurines. Demi-fleurons au nombre de 4 ou 5. Floraison de juin à octobre.

Elle a joui longtemps d'une grande réputation comme vulné-raire.

Quoique amère, légèrement astringente et tonique, elle est aban-donnée des médecins. C. C. Prés. Champs.

L'*achillée sternutatoire* croît dans les prés humides. Les animaux la refusent, tandis qu'ils mangent la précédente. Ses feuilles et sa racine, réduites en poudre, sont employées comme sternutatoires. On cultive dans nos jardins, sous le nom de bouton d'argent, une variété qui appartient à cette espèce et dont tous les fleurons sont devenus blancs en se transformant en demi-fleurons. C.

Agraphide penchée, *jacinthe des bois*, ou *clochette*. Plante vivace à fleurs bleues, rarement blanches, se reproduisant par ses graines et ses bulbes assez profondément placées dans la terre. Prés hu-mides. Floraison d'avril à mai. C. C.

Ail à tête globuleuse.

Ail des vignes. Ces deux plantes vivaces se trouvent dans les prés et les vignes. C.

Alchemille des champs. Petite herbe annuelle à fleurs verdâtres, croissant dans les moissons. Floraison de mai à septembre. C. C.

Anémone. Les anémones sont de belles plantes vivaces qui viennent dans les prés humides. Généralement âcres et corrosives, elles ne sont broutées par les bestiaux que lorsqu'une faim pres-sante les y pousse. Elles perdent leur âcreté par la dessication. Flo-raison de mars à mai. C.

Arroche à rameaux étalés. Plante annuelle à fleurs verdâtres en paquets. Taille de 4 à 8 décimètres. Terres cultivées. Juillet-octo-bre. C. C.

Avoine follette. Grande, annuelle. Juin-juillet. C.

Avoine rude. Annuelle. Juin-juillet. C.

Avoine bulbeuse ou *chiendent à chapelet*. Vivace, chaume se renflant à la base, offrant de 2 à 5 tubercules superposés. C. C.

Ces trois graminées croissent dans les moissons.

Bartsie visqueuse. Petite herbe annuelle à fleurs axillaires jaunes. Prés. Floraison de juillet à septembre. A. C.

La *belladone* est une plante vivace qui croît dans les lieux humides. Sa tige, haute de 1 mètre à 1 mètre 40 centimètres, est d'un vert sombre, herbacée, rameuse, cylindrique. Les fleurs, d'une teinte pourpre obscur, paraissent en juillet. Il leur succède des baies globuleuses du volume d'une cerise, d'abord vertes, puis rouges, et enfin d'un vert luisant à la maturité.

Cette plante exhale une odeur forte et repoussante quand on la froisse entre les doigts; elle est âcre, narcotique et très vénéneuse dans toutes ses parties. Ses fruits constituent un poison violent. Les feuilles et les racines jouissent des mêmes propriétés toxiques. En médecine on les emploie à faible dose comme substances narcotiques et calmantes. On fait usage au même titre d'une teinture et d'un extrait qu'on en retire et qui sont très actifs. A dose thérapeutique la belladone émousse la sensibilité, calme la douleur, relâche les sphincters, dilate la pupille, etc.

Berce branc-ursine. Bisannuelle, à fleurs blanches en ombelles dont la tige dressée et sillonnée s'élève de 8 à 15 décimètres. Cette grande herbe est fort répandue dans les prairies grasses et humides, où elle devient quelquefois si abondante qu'elle étouffe les autres espèces. C. C.

Bétoine officinale. Vivace. Elle a une saveur amère, un peu âcre; une odeur faible peu agréable. Sa racine est légèrement purgative et émétique. Les bestiaux ne touchent pas à cette plante. C. C.

Bluet centaurée. Annuel, moyen. Belles fleurs bleues. Juin-juillet. Moissons. C.

Boucage saxifrage. Plante vivace à fleurs blanches qui vient dans les prés à fond sablonneux. A. C.

Brome des seigles. Graminée annuelle qu'on trouve dans les moissons. Quoique le brome nuise aux céréales, il n'en est pas moins une plante fourragère qu'on peut utiliser.

Brunelle commune. Petite labiée vivace, à petites fleurs violettes ou purpurines, rarement rosées ou blanches. Tous les bestiaux, à l'exception des chevaux, la mangent volontiers à l'état frais. Eté. Prairies. C. C.

Bryone dioïque. Plante vivace ayant pour base une souche et plusieurs tiges. Fleurs d'un jaune verdâtre. Fruit rouge. Sa souche, appelée *navet du diable* ou *racine de couleuvrée*, contient un principe très âcre, en même temps qu'une grande proportion de fécule. Elle est rubéfiante et purgative. C.

La *bugle rampante* est une fort jolie petite plante vivace à fleurs ordinairement bleues, qui se trouve dans les prés humides. C. C.

Campanule raiponce. Bisannuelle, moyenne ou assez grande. Fleurs bleues. Mai-septembre. Prés. C.

Camomille cotule ou *maroute.* Herbe annuelle de 2 à 5 décimètres à fleurons jaunes. Elle répand une odeur forte, pénétrante et très désagréable. Comme elle fleurit deux fois, il est difficile de s'en débarrasser. Juin-octobre. Moissons. C.

La *camomille des champs* exhale une odeur aromatique désagréable, mais peu prononcée. Juin à septembre. Champs cultivés. C.

Les camomilles sont refusées par le bétail.

Capselle bourse à pasteur. Plante annuelle à fleurs blanches en grappes terminales. Moissons. Prairies. C. C.

Cardamine des prés ou *cresson des prés.* Plante vivace à fleurs d'un rose lilacé, quelquefois blanches. Floraison de mars à mai. Prairies marécageuses.

Carotte commune. Bisannuelle, racine en fuseau, petites fleurs blanches ou rougeâtres. Eté. Prairies. C. C.

Carvi à folioles verticillées. Herbe vivace, glabre. Taille de 3 à 6 décimètres. Fleurs blanches, feuilles pinnatisequées à segments très nombreux, courts. Prés humides. C. C.

Centaurée noire. Vivace, fleurons conformes, rouges, très rarement blancs. Eté, prés secs. C. C.

Ceraiste visqueuse.

Ceraiste conglomérée. Ces deux plantes, de la famille des *caryophyllées,* croissent dans les terrains secs. Petites fleurs blanches. C. C.

Chélidoine majeure. Vivace. Taille de 3 à 6 décimètres. Elle exhale une odeur fétide. Toutes ses parties sont gorgées d'un suc jaunâtre extrêmement âcre et vénéneux. Lieux couverts, pierreux, murs, etc.

Chou navet. Plante bisannuelle à racine charnue, souvent globuleuse ou ovoïde. Fleurs médiocres, d'un beau jaune. Nuisible aux moissons. A. C.

Chrysanthème ou *grande marguerite.* Jolie plante vivace à racine oblique. Disque jaune à rayons blancs. Juin à septembre. Prés. C. C.

La *chrysanthème des blés* ou *marguerite dorée* vient dans les moissons. Elle passe pour être vulnéraire et contient dans ses fleurs un principe colorant jaune.

Ciguë ou *conium taché*. Plante bisannuelle ayant de 8 à 13 décimètres de hauteur. Elle exhale de toutes ses parties une odeur désagréable qui trahit ses propriétés vénéneuses. On l'emploie quelquefois comme médicament fondant contre les affections cancéreuses, les scrofules, le farcin, etc., ou bien à titre de narcotique dans le traitement de diverses maladies nerveuses. Ses petites fleurs blanches paraissent en juin et juillet. R.

Ciguë (petite). Moins dangereuse en elle-même que la précédente, elle a causé bien plus souvent des accidents à cause de sa ressemblance avec le persil. Fleurs petites, blanches. Juillet-octobre. Lieux cultivés frais. C. G.

On distingue encore la *ciguë vireuse* et la *ciguë aquatique*.

Cirse. Le genre cirse comprend un grand nombre d'espèces plus ou moins épineuses, ressemblant aux chardons. Les bestiaux les mangent assez volontiers quand elles sont jeunes, mais les refusent après la floraison.

Le *cirse d'Angleterre* est une petite plante vivace à souche rampante. Fleurons rouges. Mai-juillet. Prés humides. G.

Crépide verdâtre. Plante annuelle à racines en fuseau. Fleurs jaunes un peu rougeâtres en dehors. Floraison de juin à octobre. C. G.

Cette herbe est mangée par le bétail.

Cuscute à petites fleurs ou *teigne*. Annuelle. Tige capillaire rameuse, rougeâtre. Corolle campanulée, à écailles conniventes, fermant son tube. Styles longs. Stigmates rouges. Floraison de juin à septembre. Elle se développe sur un grand nombre de plantes, notamment sur le serpolet, sur plusieurs bruyères, sur la luzerne cultivée et le trèfle des prés.

Une fois introduite dans une prairie de trèfle ou de luzerne, elle y forme des touffes qui, d'abord petites, s'étendent promptement, dessèchent et font périr toutes les plantes qu'elles enlacent.

On a recours à divers moyens pour détruire ce parasite, si nuisible à l'agriculture. On emploie, par exemple, soit l'acide sulfurique étendu d'eau, soit une solution de sulfate de fer.

Ellébore noir. Herbe vivace, glabre, fleurs très grandes penchées, d'un beau blanc rosé. Cultivé dans les jardins sous le nom de *rose de Noël*, l'ellébore à racines noires vient spontanément dans les lieux frais et ombragés. Toutes ses parties jouissent au plus haut degré des facultés émétiques et purgatives. Les fibres radicales, âcres et brûlantes, sont fréquemment employées comme *trochiques* dans la médecine du bœuf.

L'*ellébore fétide* et l'*ellébore vert* possèdent les mêmes propriétés que le noir, mais ils sont moins actifs et rarement employés.

Epervière auricule. Herbe vivace, stolonifère. Taille de 2 à 4 décimètres. Demi-fleurons jaunes. Eté. Prés. Cette plante, en se développant d'une manière extraordinaire dans les pâturages humides et sablonneux, empêche la croissance des autres fourrages.

Erodium à feuilles de ciguë. Plante annuelle à petites fleurs purpurines, légèrement odorantes, qui vient en abondance dans les champs cultivés, surtout dans les terrains sablonneux.

Ers velu. Tiges grêles, grimpantes, rameuses. Fleurs d'une blanc jaunâtre. C. C.

Ers tétrasperme. Petites fleurs mêlées de bleu et de blanc. Ces deux légumineuses annuelles produisent un bon fourrage. A. C.

Elles ne sont nuisibles que lorsqu'elles croissent dans les moissons.

Euphorbe ou *tithymale.* Ce genre se compose d'un très grand nombre d'espèces, la plupart herbacées, gorgées d'un suc propre, laiteux et âcre ; à feuilles alternes, quelquefois opposées ou verticillées, le plus souvent dépourvues de stipules.

Ces plantes vénéneuses jouissent du triste privilége de conserver leur âcreté même après la dessication. Les animaux, guidés par leur instinct, les dédaignent dans la plupart des cas. Les principales espèces sont :

L'*euphorbe réveille-matin.* Annuel. Inflorescence en ombelles, presque toujours à cinq rayons. Glandes jaunes. C. C.

Euphorbe fluet. Plante annuelle, glabre, glaucescente, ombelles, à 3-5 rayons, glandes jaunes à longues cornes. Terrains cultivés. C.

Euphorbe peplus. Annuel. Floraison de juin à octobre.

Euphorbe raide. Annuel. Lieux cultivés. C. C.

Euphorbe doux ou *pourpré.* Vivace. C.

Euphorbe des marais. Vivace. Prairies très humides. R.

Euphorbe à capsule verruqueuse. Vivace. C.

Euphorbe à larges feuilles. Annuel.

Euphorbe de Gérard. Vivace.

Euphorbe à involucre calicinal muni de lobes en faucille. Annuel.

Euphraise officinale. Plante annuelle, pubescente. Fleurs en épis terminaux, courts et feuillés. Corolle blanche ou bleuâtre striée de violet. Cette petite herbe est amère et légèrement aromatique. C.

Euphraise à feuilles dentées. Petite plante annuelle à fleurs rougeâtres. Prés secs. C.

Euphraise à fleurs jaunes. Petite herbe annuelle à fleurs disposées en grappes terminales, allongées, spiciformes, feuillées, presque unilatérales. Corolle d'un beau jaune. C.

Ficaire fausse renoncule ou *petite chélidoine.* Vivace, glabre ; racine fasciculée, feuilles d'un vert foncé, luisantes. Grandes fleurs, solitaires, terminales, d'un beau jaune doré et luisant. Floraison de mars à mai. Cette plante est beaucoup moins âcre que la plupart des renoncules, avec lesquelles elle a été longtemps confondue. Les animaux ne la recherchent pas.

Filago. Les espèces qui composent ce genre sont toutes annuelles, plus ou moins tomenteuses, blanchâtres, à fleurs d'un blanc jaunâtre. Elles n'ont aucune utilité ni comme fourragères ni à titre de médicaments.

Froment rampant ou *chiendent.* Grande graminée à racine longuement rampante. Eté. Champs cultivés. C. C.

Cette plante se reproduit par ses graines et ses racines.

Fumeterre officinale. Plante annuelle, tige de 2 à 6 décimètres. Tige rameuse, ascendante ou dressée. Petites fleurs nombreuses, purpurines, noirâtres au sommet en grappes. On en fait usage à titre de léger tonique. C.

On distingue encore les espèces suivantes :

Fumeterre grimpante.

Fumeterre intermédiaire.

Fumeterre à grappes serrées.

Fumeterre à petites fleurs.

Fumeterre de Vaillant.

Toutes ces plantes annuelles viennent dans les champs, les vignes, etc. Les bœufs et les moutons les mangent assez volontiers malgré leur amertume. Les autres animaux les dédaignent.

Gaillet vrai ou *caille-lait.* Plante vivace, d'un vert foncé, glabre ou pubescente. Fleurs jaunes à odeur de miel. Floraison de juin à août. Prés. Cette plante ne possède point la propriété de coaguler le lait, comme son nom pourrait le faire supposer. C. C.

Gaillet des marais. Herbe vivace à petites fleurs blanches. Tiges de 2 à 5 décimètres. Floraison de mai à août, dans les lieux marécageux. C. C.

Gaillet accrochant ou *gratteron*. Plante annuelle. Tiges de 5 à 12 décimètres, faibles. Fleurs d'un blanc verdâtre. Fruit globuleux hérissé de poils nombreux et crochus. Terres cultivées. Haies. C. C.

Il existe encore un grand nombre d'espèces de *gaillet*, telles que : *gaillet des fanges*, *gaillet allongé*, *gaillet sauvage*, *gaillet dressé*, *gaillet élevé*, etc.

Galéope jaunâtre ou *ortie-chanvre*. Plante annuelle, taille de 3 à 10 décimètres. Fleurs disposées en glomérules axillaires et opposées. Corolle rose ou blanche, à lèvre inférieure tachée de jaune et de rouge. Floraison de juillet à septembre. Champs cultivés. C.

Gesse de Nissole. Légumineuse annuelle, moyenne. Fleurs médiocres, élégantes, rosées ou d'un violet bleuâtre. Mai-juillet. Moissons. A. C.

Gesse sans folioles. Tige faible, grimpante, rameuse, anguleuse, fleurs médiocres, jaunes. Eté. Champs cultivés. Prés. A. C.

Gratiole ou *herbe au pauvre homme.* Plante vivace, haute d'environ 35 centimètres, à fleurs isolées sur des pédoncules axillaires, corolle d'un blanc jaunâtre, un peu rosé, à tube strié, qui croît dans les lieux humides. Douée d'une saveur amère et nauséabonde, elle est violemment émétique et purgative. Les animaux la dédaignent comme la plupart des plantes vénéneuses.

Gouet commun ou *arum.* Jolie herbe vivace connue sous les noms vulgaires de *damotte* ou *pied-de-veau*, qui vient au printemps dans les lieux ombragés. Sa racine, charnue et féculente, mais gorgée d'un suc laiteux extrêmement âcre, est caustique, brûlante et violemment purgative.

Grémil des champs. Annuel. Petites fleurs d'un blanc sale, rarement bleuâtre ou rosée. Moissons. Les grémils sont sans usage en médecine et peu recherchés des bestiaux. C.

Gymnadénie cousin. Herbe vivace à fleurs rosées ou purpurines, disposées en épi. Taille de 3 à 6 décimètres. Bulbes palmées. Prairies humides. C.

Gymnadénie à fleurs verdâtres. Herbe vivace, taille de 1 à 3 décimètres. Racine à tubercules palmés. Fleurs médiocres d'un vert jaunâtre. C.

Hypochéride à longue racine ou *porcelle.* Plante bisannuelle ou vivace. Taille de 3 à 8 décimètres. Racine pivotante. Fleurs jaunes. Cette herbe, appelée vulgairement *salade de porc*, vient dans les prés, où l'on voit les porcs fouiller la terre pour dévorer sa racine; ce qui lui a valu son nom. C.

L'*hypochéride glabre* et l'*hypochéride* à feuilles tachées croissent dans les terrains secs, arides.

Inule aulnée. Grande et belle plante vivace à fleurs jaunes, qui croît dans les lieux humides. Sa racine est excitante et tonique. A. C.

Les animaux refusent cette plante, ainsi que les espèces suivantes, qui sont du même genre.

Inule hérissée.
— à feuilles de saule.
— de Bretagne.
— de montagne.

Ivraie multiflore ou *pill.* Plante annuelle assez grande, à épis très allongés, souvent 3 ou 4 décimètres, qui croît au milieu des céréales. Quoique nuisible dans les moissons, cette plante, appelée aussi ray-grass d'Italie, peut donner d'abondants fourrages sur des terrains maigres. A. C.

Ivraie enivrante. Assez grande, annuelle. Croissant parmi les céréales. Les graines de cette graminée renferment un principe narcotique qui leur donne un goût âcre, acide, désagréable. Mêlées avec le blé dans une certaine proportion, elles communiquent à la farine et au pain de mauvaises qualités qui peuvent produire de graves accidents sur les hommes, les animaux et les oiseaux de basse-cour. C.

Jonc à fleurs aiguës. Moyen, vivace, à racine traçante. Fleurs très petites, d'un brun foncé. Eté. Prairies humides. C. C.

Jonc épars. Assez grand, d'un vert tendre, vivace, fleurs très petites, verdâtres. Terrains marécageux. C. C.

Jusquiame noire. Plante annuelle ou bisannuelle, d'un vert grisâtre, visqueuse dans toutes ses parties. Taille de 3 à 8 décimètres. Tige dressée, revêtue de poils longs et glanduleux. Feuilles alternes, amples, molles, pubescentes. Fleurs jaunâtres, livides, veinées de pourpre.

Son odeur est vireuse, sa saveur âcre et nauséabonde. De même que la belladone et la stramoine, elle constitue un poison narcotico-âcre des plus dangereux. On l'emploie en médecine au même titre, mais beaucoup moins souvent que la belladone.

La jusquiame se trouve dans les lieux incultes, sur le bord des chemins, autour des habitations. Les animaux la repoussent en général comme la plupart des autres solanées. Cependant des vaches pressées par la faim se sont empoisonnées en la mangeant mêlée à des plantes fourragères. On assure que le porc et la chèvre peuvent la manger impunément.

Il est des pays où l'on donne aux porcs, et même aux chevaux, dont on veut augmenter l'embonpoint, de petites quantités de graine de jusquiame ou de stramoine. S'il est vrai que ces graines favorisent l'engraissement, c'est sans doute en diminuant la sensibilité générale, et en portant au repos les animaux qui en font usage.

La *knautie des champs* ou *scabieuse des champs*, est une jolie plante vivace à fleurs d'un bleu rougeâtre, qui croît dans les moissons et les prés. C. C.

Laiche ou *carex*. Ce genre, un des plus étendus du règne végétal, se compose d'un très grand nombre d'espèces herbacées vivaces, à souche cespiteuse ou traçante, croissant généralement dans les lieux marécageux, dans les prairies spongineuses.

Voici les principales espèces :

Carex puce.	*Carex* aigu.
— distique.	— pâle.
— vulpin.	— jaune.
— muriqué.	— panic.
— écarté.	— distant.
— divisé.	— des bois.
— paniculé.	— faux souchet.
— de Schreber.	— précoce.
— ovale ou de lièvre.	— tomenteux.
— étoilé.	— à feuilles allongées.
— espacé.	— à pilules.
— élevé.	— à épi radical.
— digité.	— des marais.
— hérissé.	— des rives.
— glauque.	— vésiculeux.
— raide.	— ampoulé.

Laiteron des lieux cultivés. Plante annuelle, lactescente, glabre, fleurs d'un jaune pâle, racine en fuseau. Cette herbe, nuisible aux cultures des céréales, se multiplie facilement et végète avec beaucoup d'activité. Elle convient à tous les bestiaux et surtout aux vaches laitières. Les lapins et les lièvres la mangent avec avidité ; aussi la nomme-t-on vulgairement laitue de lièvre.

On peut en dire autant du *laiteron rude* et du *laiteron des champs*.

Lamier à fleurs blanches ou *ortie blanche*. Vivace. Son odeur est aromatique, peu agréable, sa saveur légèrement amère. C. C.

Lamier à fleurs tachées. Vivace. Remarquable par la beauté de ses fleurs. Lieux ombragés et humides. A. C.

Lamier à fleurs purpurines ou *ortie rouge*. Plante annuelle à fleurs rosées, rarement blanches, réunies au sommet de la tige en glomérules axillaires et opposés. Lieux cultivés. C. C.

Lamier à feuilles amplexicaules. Plante annuelle à petites fleurs d'un rouge éclatant. A. C.

Lamier à feuilles incisées. Annuel. Petites fleurs purpurines.

Ces espèces croissent dans les terrains cultivés et ne sont pas recherchées du bétail.

Lampsane commune. Plante annuelle. Fleurs jaunes. Taille de 3 à 8 décimètres. Cette herbe est fort répandue dans les bois, au bord des champs et des chemins. Les bestiaux la dédaignent. Elle passe pour être légèrement émolliente et laxative. Les habitants des campagnes l'emploient quelquefois contre les engorgements et les gerçures des mamelles de leurs animaux, et la nomment, pour cette raison, herbe aux mamelles. C. C.

Léonurus cardiaque. Herbe vivace. Taille de 6 à 12 décimètres. Petites fleurs roses ponctuées de pourpre. Corolle à lèvre supérieure, velue-laineuse en dehors. Elle répand une odeur peu agréable. Les abeilles aiment à butiner dans ses fleurs, mais le bétail la dédaigne.

Lin purgatif. Plante annuelle, glabre, à petites fleurs blanches en cime terminale, dédaignée des bestiaux. C. C.

Linaire. Les linaires sont des plantes âcres, vénéneuses, dédaignées des bestiaux et sans usage en médecine.

Parmi les espèces de ce genre nous signalerons seulement :

La *linaire élatine*. Annuelle, velue, multicaule. Corolle d'un jaune pâle, à lèvre supérieure d'un bleu-violet en dedans, à éperon assez long, aigu, droit ou un peu arqué. Floraison de juin à octobre.

La *linaire à fleurs striées* est une jolie plante vivace, dont les fleurs répandent une odeur douce et suave.

La *linaire des champs*. Annuelle.

La *linaire commune* ou *muflier linaire*. Vivace.

Toutes ces herbes croissent dans les champs cultivés.

Liseron des champs. Vivace. Fleurs grandes, blanches ou roses. Cette jolie plante croît abondamment dans les blés. Les cultivateurs ont quelquefois de la peine à en débarrasser leurs champs, où elle se multiplie par ses racines profondes, traçantes, difficiles à extirper.

Liseron de Biscaye. Vivace, grandes fleurs d'un beau rose, quelquefois blanches.

On cultive dans les jardins, sous le nom de belle de jour, le *liseron tricolore.* Une autre espèce annuelle cultivée comme ornement est le *volubilis.* Elle couvre en peu de temps les palissades de ses longues tiges chargées de grandes fleurs bleues, roses ou blanches.

Lobélie brûlante. Famille des labiées. Assez petite ou moyenne. Annuelle. A suc très âcre. Fleurs assez petites, bleues ou faiblement violettes, très rarement blanches. Juillet-septembre. Bord des champs, pâturages, etc. Cette plante vireuse est nuisible aux troupeaux. C.

Loroglosse ou *orchis à odeur de bouc.* Vivace. Fleurs nombreuses, d'un blanc verdâtre, rayées et ponctuées de rouge clair en dedans, qui répandent une odeur de bouc très désagréable.

Luzule champêtre. Vivace. Taille de 1 à 2 décimètres. Fleurs brunes, panachées de blanc, paraissant d'avril à juin. Prairies. C. C.

Lychnide fleur de coucou. Vivace. Taille de 3 à 6 décimètres. Fleurs roses, rarement blanches, disposées en panicule terminale. Cette espèce, une des plus élégantes du genre, vient dans les prés humides. Les animaux la refusent.

Lychnide nielle. Annuelle. Fleurs très longuement pédonculées, assez grandes, d'un rouge tirant sur le violet. Juin-juillet. Parmi les moissons. Les graines de cette plante sont vénéneuses; mélangées au froment, elles communiquent au pain une couleur noirâtre et une saveur âcre fort désagréable; leur abondance peut être nuisible à la santé. C. C.

La *lycope,* connue sous les noms vulgaires de *pied-de-loup, marrube d'eau* ou *chanvre d'eau,* croît abondamment dans les lieux marécageux. Elle est presque inodore, mais douée d'une saveur astringente très prononcée. Elle fournit aux teinturiers un principe colorant noir. Ses petites fleurs blanches, ponctuées de rouge, disposées à l'aisselle des feuilles en glomérules espacés et compactes, paraissent de juillet à septembre.

Lysimaque commune. Vivace. Taille de 6 à 10 décimètres. Fleurs jaunes, disposées en panicules nombreuses. Calice à divisions bordées de rouge. Cette belle plante, appelée vulgairement *corneille* ou *chasse-bosse*, croît dans les lieux humides. Elle n'est pas recherchée des bestiaux.

Marrube commun. Herbe vivace, tomenteuse, blanchâtre dans toutes ses parties. Taille de 3 à 6 décimètres. Petites fleurs blanches réunies en glomérules axillaires. Son odeur est forte, aromatique et comme musquée; sa saveur chaude, amère, un peu âcre. Il contient dans ses diverses parties une huile essentielle, un principe amer, ainsi qu'une petite quantité d'acide gallique. On l'emploie à titre de médicament à la fois excitant et tonique. Son action est très intense.

Matricaire camomille. Annuelle. Fleurons jaunes, demi-fleurons blancs. Elle est aromatique et amère dans toutes ses parties. On la rencontre dans les champs pierreux. C.

Mélampyre des prés. Annuel. Fleurs médiocres à tube blanchâtre, à lèvres jaunes, quelquefois lavées de rose. Été. Bords des prés. C.

Ménianthe trifolié ou *trèfle d'eau.* Jolie plante vivace à fleurs d'un blanc rosé, qui vient dans les lieux marécageux. Extrêmement amer dans toutes ses parties, il est employé comme tonique et fébrifuge.

Mercuriale annuelle. Plante glabre à fleurs verdâtres, laxative, mais rarement usitée en médecine. Son odeur désagréable se dissipe par la cuisson et par la dessication. Champs cultivés. C.

La *mercuriale vivace* ou *chou de chien* est une plante dangereuse que tous les bestiaux repoussent. Elle est surtout très vénéneuse pour les moutons. En se desséchant, elle perd ses propriétés malfaisantes et devient bleuâtre. Fleurs verdâtres, paraissant d'avril à mai.

Morelle noire. Moyenne, annuelle. Petites fleurs blanches, baies globuleuses, noires. Champs cultivés. Cette solanée exhale une odeur désagréable rappelant un peu celle du musc. On l'emploie comme anodine, surtout en cataplasmes. C.

Mouron des champs. Plante annuelle, multicaule, glabre, à fleurs rouges ou d'un beau bleu, quelquefois roses ou blanches, qui vient dans les lieux cultivés. Il importe de ne pas le confondre avec le mouron des oiseaux ou stellaire moyenne; car il paraît que ses graines sont un poison pour les serins.

Mousses. La famille des mousses se compose d'une multitude de petites plantes cellulaires, sans traces de vaisseaux; quelques-unes annuelles, la plupart vivaces, venant généralement en touffes, plus ou moins serrées à la surface du sol, sur l'écorce des arbres, sur les rochers, sur les murs, sur les toits, rarement sous l'eau.

Elles vivent en grand nombre sous tous les climats, depuis l'équateur jusqu'aux pôles; elles se montrent d'autant plus abondantes dans une localité que les végétaux dicotylédons et monocotylédons y sont moins vigoureux et plus rares.

Autrefois on employait en médecine, comme diaphorétique et sudorifique, le polytrie commun ou capillaire dorée, espèce très répandue dans nos bois, mais aujourd'hui tout à fait inusitée.

Pour détruire la mousse d'une prairie, il faut la herser au printemps, l'arroser avec de l'engrais liquide ou y répandre un demi-mètre cube, par hectare, de chaux éteinte à l'air depuis 20 à 30 jours.

Moutarde des champs. Annuelle. Fleurs médiocres, d'un beau jaune. Champs sablonneux. C. C.

Moutarde blanche. Annuelle. Taille de 4 à 8 décimètres. Fleurs d'un jaune pâle.

Cultivée pour sa graine ou comme fourrage, elle vient aussi spontanément dans les moissons, où elle est nuisible. Sa graine, plus volumineuse, mais moins active que celle de la moutarde noire, est souvent employée en médecine comme excitante et tonique ou même comme laxative. Elle sert surtout à préparer une moutarde de table très estimée. Employée comme fourrage et donnée à l'état vert, elle convient aux vaches, auxquelles elle communique un lait d'excellente qualité.

La *moutarde noire* croît dans les champs pierreux. Sa graine est quelquefois donnée intacte, à l'intérieur, à titre de médicament excitant ou tonique. Réduite en poudre et humectée, elle constitue un des rubéfiants les plus énergiques. Elle sert aussi dans cet état à la préparation d'une moutarde de table.

Muflier rubicond. Plante annuelle. Taille de 2 à 4 décimètres. Corolle rouge, quelquefois rosée ou blanche, toujours rayée. Champs cultivés. C.

On cultive dans les jardins le muflier à grandes fleurs ou gueule-de-lion.

Myosote intermédiaire. Plante bisannuelle. Fleurs bleu-clair à gorge jaune. Floraison de mai à juillet.

Narcisse des poëtes. Vivace. Taille de 3 à 6 décimètres. Floraison d'avril à juin.

Cette plante vient dans les prés humides, où elle se fait remarquer par l'élégance et l'odeur suave de ses fleurs.

Elle est constamment dédaignée des bestiaux.

Orchis mâle. Famille des orchidées. Bulbes ovoïdes. Fleurs purpurines, rarement blanches, en épi lâche et oblong. Floraison d'avril à juin. Prairies. Les bulbes de cet orchis fournissent le salep. C.

Orchis à épi lâche. Racine à tubercules entiers. Fleurs d'un rouge foncé. Prés humides. C.

Orchis Buffon. Bulbes globuleuses. Fleurs d'un rouge violet. Cette plante est très répandue dans les prairies. C. C.

Orchis brûlé. Petites fleurs d'un rouge brun, disposées en épi dense, ovoïde ou oblong. C.

Orchis tacheté. Bulbes à lobes divergents. Feuilles ordinairement parsemées de taches noirâtres. Fleurs blanches d'un rose pâle ou lilas, veinées ou tachetées soit de pourpre, soit de violet, disposées en épi compacte, court et conique. Prairies. C.

Orchis à larges feuilles. Fleurs purpurines ou rosées avec des lignes et des points de couleur plus foncée. Juin. Prés humides. C. C.

Tous ces orchis sont vivaces.

Oxalide corniculée. Famille des oxalidées. Petite plante vivace à tige rameuse dès la base, couchée et souvent radicante. Fleurs très médiocres, jaunes, pétales échancrés. Lieux cultivés. A. C.

Œnanthe fistuleuse. Ombellifère vivace, taille de 4 à 8 décimètres. Racines fasciculées à fibres plus ou moins renflées. Tige stolonifère à la base, molle, très fistuleuse, striée. Fleurs petites, blanches. Prairies très humides.

Elle est vénéneuse, mais les bestiaux, guidés par leur instinct, refusent de la manger. C.

Œnanthe pencédane. Plante vivace de 5 à 11 décimètres. Fleurs blanches. De même que la précédente, elle est dédaignée des bestiaux. Prés humides. C.

Œnanthe safranée. Vivace, glabre. Taille de 8 à 12 décimètres. Racine fasciculée à tubercules sessiles, gros, oblongs ou fusiformes. Tige droite, très ferme, rameuse, sillonnée. Feuilles grandes, d'un vert sombre. Fleurs petites, blanches. Prés humides.

Cette plante est vénéneuse, narcotique, âcre dans toutes ses parties. 500 à 600 grammes de la racine peuvent tuer un bœuf ou une vache de force ordinaire. Les moyens à employer pour combattre ses effets sont d'abord les vomitifs, ensuite les boissons acidulées. C.

Panic pied de coq. Graminée annuelle, nuisible aux récoltes dans lesquelles elle croît. Cultivée comme fourrage, elle végète avec beaucoup d'activité et plaît à tous les bestiaux tant qu'elle est jeune, mais ne fournit plus tard qu'un fourrage volumineux et dur. C.

Panic ou *sétaire verticillé.* Plante annuelle à fleurs verdâtres, très répandue dans les champs cultivés.

Panic vert ou *sétaire vert.* Cette graminée diffère de la précédente par ses chaumes moins longs, par ses feuilles un peu plus étroites, par sa panicule un peu plus dense, non interrompue, non accrochante, d'un vert gai. Lieux cultivés. C.

Paquerette vivace ou *petite marguerite.* Famille des composées. Vivace à racine rampante. Capitule médiocre, à disque d'un beau jaune, à rayons nombreux, entiers, blancs en dessus et rougeâtres en dessous. Prés. C. C.

Parisette à quatre feuilles ou *raisin de renard.* Plante vivace dont la racine est âcre, émétique et la baie vénéneuse. Lieux couverts.

Pavot coquelicot. Plante annuelle, à grandes fleurs, d'un beau rouge, fort commune dans les moissons, qu'il souille souvent d'une manière très fâcheuse. Le pavot jouit dans toutes ses parties de propriétés adoucissantes et légèrement narcotiques. Ses pétales desséchées font partie du mélange connu sous le nom de quatre fleurs ou espèces pectorales.

Les autres espèces de ce mélange sont les fleurs de mauve, de tussilage et de pied de chat. En traitant ses capsules par décoction dans l'eau, on obtient un extrait qui peut jusqu'à un certain point remplacer l'opium, qu'on retire, surtout en Orient, du pavot somnifère blanc.

Le pavot douteux se trouve aussi dans les moissons. Beaucoup moins répandu que le coquelicot, il possède des propriétés analogues, mais moins prononcées et sans usage en médecine.

Pédiculaire des marais. Famille des scrofulariées, vulgairement herbe aux poux. Plante bisannuelle ou vivace, presque glabre. Fleurs rosées, rarement blanches, disposées en longues grappes terminales et feuillées. Prairies très humides. Cette espèce est détersive et vulnéraire. Tous les animaux la refusent.

Persicaire âcre ou *poivre d'eau.* Plante annuelle, à fleurs d'un rose pâle ou d'un blanc verdâtre, disposées en épis grêles. Fruits noirs. On la regarde comme incisive, résolutive, vulnéraire et détersive. Elle est douée dans toutes ses parties d'une saveur âcre, brûlante et poivrée. Les animaux la dédaignent constamment. On ne la trouve que dans les lieux marécageux. C.

Pissenlit, dent de lion. Plante vivace, de la famille des composées, acaule. Fleurs jaunes. Le pissenlit contient dans toutes ses parties un suc extractif qui le rend amer et le fait employer en médecine comme un léger tonique ; il passe aussi pour être un peu laxatif et diurétique, d'où lui vient même son nom. On le recueille souvent de bonne heure pour ses feuilles, qui sont alors tendres, d'une amertume agréable et qu'on mange en salade, ou cuites et en guise d'épinards. Mars-novembre. Champs. Prés. C. C.

Polygala commun. Plante vivace, glabre, à racine dure, remarquable par la beauté de ses fleurs bleues ou roses, quelquefois blanches, disposées en grappes spiciformes au sommet des tiges ou des rameaux, une ou plusieurs tiges de 1 à 3 décimètres. Prairies, etc. C.

Prêle. Cette famille se compose de plantes vivaces qui croissent en général dans les lieux humides. Comme elles contiennent une quantité notable de silice, on s'en sert pour fourbir les ustensiles de ménage, pour polir le bois et même les métaux. En médecine on en fait usage à titre de légers diurétiques.

Leur action est funeste à la santé du bétail.

Dans les terres où croissent les prêles, les cultivateurs doivent essayer la culture du ray-grass, qui est un des meilleurs fourrages de la famille des graminées.

On distingue plusieurs variétés de prêles, qui sont :

Prêle des champs ou *queue de chat* ou encore *queue de rat.*

Prêle d'hiver ou *des tourneurs.*

Prêle d'ivoire ou *des fleuves.*

Prêle des marais. Taille de 3 à 6 décimètres. Souche traçante, tiges toutes semblables et fertiles, dressées, grêles, vertes, rameuses à 8-12 sillons profonds. Gaînes lâches, vertes, à 6-12 dents acuminées, brunâtres. Rameaux verticillés par 6-8-12, grêles, lisses. Cette prêle est la plus pernicieuse. Elle se produit par petites touffes de tiges menues qui se mêlent si intimément aux fourrages fauchés qu'il est impossible de les en séparer.

Primevère officinale ou *coucou.* Jolie plante vivace, à feuilles ovales ou oblongues. Fleurs très médiocres, odorantes, en forme d'entonnoir, d'un jaune pâle avec cinq taches orangées. La racine est douée d'une saveur amère et âcre, d'une odeur forte qui rappelle à la fois celle de l'ail et celle de l'anis. On emploie ses fleurs comme expectorantes et diaphorétiques.

Raifort ravenelle ou *ravenelle des champs*. Plante annuelle, famille des crucifères, hérissée de poils raides. Fleurs jaunes, blanches ou lilacées, veinées et disposées en grappes terminales. Cette mauvaise plante est commune dans les moissons. Ses graines sont âcres ; elles peuvent, en se mêlant en grande quantité aux grains des céréales, altérer d'une manière fâcheuse les qualités de la farine qui en provient.

Renoncule flammette. Herbe vivace. Taille de 2 à 6 décimètres. Petites fleurs jaunes, terminales. Cette plante est des plus vénéneuses, surtout pour les chevaux. Le nom de flammette lui vient de ce que, appliquée sur la peau, elle y produit le même effet que le feu. Les animaux ne l'aiment pas ; mais ses feuilles et ses rameaux dressés se mêlant à l'herbe du pâturage, il leur est souvent difficile de l'éviter. Elle se montre quelquefois très abondante dans les prairies humides, marécageuses.

Renoncule âcre. Vivace, pubescente, à poils courts et appliqués. Cette espèce, appelée aussi renoncule des prés, est très commune en effet dans les prairies humides, où elle devient quelquefois parmi les autres herbes l'espèce dominante. Ce qui annonce l'épuisement du sol.

Ainsi que son nom l'indique, elle est très âcre et vénéneuse dans toutes ses parties.

La *renoncule bulbeuse* est très âcre et une des plus répandues. Vivace, pubescente, renflée en bulbe au collet. Taille de 2 à 5 décimètres. Fleurs d'un beau jaune luisant. Avril-juin. C. C.

Renoncule rampante. Vivace, fleurs jaunes. Cette plante, connue sous le nom de pied-de-poule, est très commune dans les prairies, dans les champs cultivés, où elle se multiplie promptement si l'on n'a pas soin de la détruire de bonne heure.

De même que les renoncules âcres et bulbeuses, cette espèce est cultivée dans les jardins sous le nom de bouton d'or.

La *renoncule à feuilles d'aconit* est une belle plante vivace, à fleurs blanches, qui croît dans les lieux humides des hautes montagnes. Les bestiaux la dédaignent. On la cultive dans les jardins, où ses jolies fleurs blanches, devenues doubles, lui ont valu le nom de bouton d'argent.

Renouée liseron. Famille des polygonées. Une ou plusieurs tiges de 2 à 6 décimètres, très grêles, anguleuses, grimpantes, volubiles, annuelles. Fleurs blanchâtres, petites, en grappes simples. Champs cultivés. C.

Rhinanthe à grandes fleurs. Plante annuelle. Taille de 2 à 10 décimètres. Fleurs médiocres, jaunes en épi terminal. Elle est mangée par les bêtes à cornes dans sa jeunesse ; mais après sa floraison, qui a lieu de très bonne heure, elle se dessèche promptement, et alors tous les animaux la refusent. C'est une mauvaise plante qui se multiplie avec la plus grande facilité et envahit souvent des prairies entières, en prenant la place des bonnes espèces. Il faut, pour s'en débarrasser, la faucher ou la faire brouter, chaque année, avant qu'elle n'ait eu le temps de répandre ses graines.

Rossolis. Famille des résédacées. Plante petite, vivace, acaule. Fleurs blanchâtres. Prairies humides.

Rumex à feuilles crépues. Famille des polygonées. Vulgairement *parelle.* Vivace. Taille de 5 à 10 décimètres. Floraison de juillet à septembre. Champs, prairies. C. C.

Rumex des bois. Vivace. Taille de 5 à 10 décimètres. Racine d'un blanc rougeâtre ou jaunâtre. Prairies. C.

Rumex oseille. Vivace. Racine fibreuse. Tige droite, cylindriacée, sillonnée. Cette plante est très répandue dans la plupart des prairies. Cultivée depuis longtemps dans les jardins, elle y a fourni plusieurs variétés dont les fleurs servent à notre propre nourriture. On en fait quelquefois usage à titre de médicament rafraîchissant et légèrement laxatif.

Rumex petite oseille ou *oseille de brebis.* Vivace. Racine rampante. Champs cultivés. C. C. La chaux vive répandue sur le sol, puis mélangée avec la terre, est un puissant moyen de destruction qui ne doit pas être négligé.

Saponaire officinale ou *herbe à savon.* Vivace, glabre. Taille de 3 à 6 décimètres. Fleurs roses ou d'un lilas pâle. Les bestiaux refusent cette plante, qui se trouve dans les lieux humides. Elle est mucilagineuse, légèrement amère et tonique dans toutes ses parties. Sa racine, agitée dans l'eau, lui cède un principe particulier, la saponine, qui la blanchit et la rend mousseuse.

Scabieuse succise. Famille des dipsacées. Moyenne. Vivace, à racine tronquée. Fleurs bleues, rarement carnées ou blanches. Juillet-octobre. Prés, etc. C. C.

Scabieuse des champs. Vivace, à longue racine. Fleurs d'un bleu rougeâtre ; celles de la circonférence sont plus grandes que celles du milieu. Champs, prés. C.

Les feuilles et les fleurs de cette plante sont dépuratives.

Scandix peigne de Vénus. Ombellifère, petit, annuel. Fleurs petites, blanches. Moissons. C. C.

Scorsonère humble ou *des prés.* Famille des composées, assez petite, vivace. Racine épaisse, noirâtre, à collet uni ou garni d'écailles nombreuses. Demi-fleurons jaunes. Mai-juillet. Prés humides. C. C.

Scrofulaire à racine noueuse. Vivace, glabre, fleurs petites, d'un brun rougeâtre à l'extérieur, olivâtre en dedans. Lieux frais.

Scrofulaire aquatique. Vivace, glabre. Prés marécageux.

Scrofulaire des chiens. Vivace, glabre. Fleurs petites, très nombreuses, d'un rouge noirâtre mêlé de blanc. Terrains secs.

Douées d'une odeur fétide et d'une saveur âcre, ces plantes sont émétiques, purgatives, vénéneuses et dédaignées des bestiaux.

Seneçon jacobée ou *herbe de saint Jacques.* Herbe vivace, glabre, à fleurs jaunes, qui vient dans les prés frais. Cette plante est antiscorbutique. C. C.

Seneçon commun. Famille des composées. Annuel, glabre. Taille de 2 à 3 décimètres. Fleurs petites, jaunes. Cette plante fleurit toute l'année et vient dans les lieux cultivés. C. C.

Il est émollient à l'extérieur et remplace avantageusement la mauve dans les cataplasmes.

Spirée ulmaire ou *reine des prés.* Vivace. Tiges de 6 à 12 décimètres, dressées, glabres, sillonnées. Fleurs petites, blanches, odorantes, disposées en une belle cîme très fournie, corymbiforme et terminale. Floraison de juin à juillet. Cette jolie plante est assez répandue dans les prés humides.

Ses sommités fleuries constituent un excellent médicament astringent et surtout diurétique. Tous les bestiaux, à l'exception des chevaux, mangent ses feuilles. Il n'en est pas de même des tiges, qui à la maturité acquièrent la dureté du bois et ne peuvent être que nuisibles dans les fourrages.

Spergule des champs. Annuelle. Taille de 1 à 4 décimètres, glabre ou pubescente, souvent visqueuse. Fleurs blanches, disposées en cîme terminale.

Cette plante est nuisible dans les moissons, où elle est assez commune. Cultivée en grand pour la nourriture des bestiaux, elle produit un excellent fourrage. C'est à l'état vert qu'on la fait consommer. On la considère comme l'herbe qui, donnée aux vaches, fournit le meilleur lait et le meilleur beurre.

Stachide des champs. Famille des labiées. Petite, annuelle, d'un vert jaunâtre. Fleurs petites, géminées à l'aisselle des feuilles, rosées, ponctuées de pourpre. Champs cultivés. C.

Stellaire moyenne ou *morgeline.* Annuelle, multicaule. Tiges nombreuses, de 1 à 3 décimètres, grêles. Feuilles molles. Fleurs blanches, en cimes terminales et feuillées. Terrains cultivés. C'est l'herbe que l'on donne aux oiseaux en cage sous le nom de mouron. C. C.

Stellaire graminée. Famille des cariophyllées. Vivace. Taille de 3 à 8 décimètres, à tige rameuse ascendante. Fleurs blanches. C.

Stramoine ou *somme épineuse.* Annuelle, d'un vert sombre, glabre. Taille de 4 à 10 décimètres. Fleurs très grandes, blanches ou violacées. Floraison de juillet à septembre. Lieux incultes.

Cette plante exhale une odeur des plus désagréables; toutes ses parties ont une saveur âcre, nauséeuse. Elle jouit des mêmes propriétés que la belladone, et les possède même à un plus haut degré. Mais elle inspire moins de confiance comme plante médicinale, et son usage est beaucoup plus restreint.

On cultive comme plante d'agrément plusieurs espèces exotiques appartenant à ce genre. Tels sont les *datura arborea* et *suaveolens,* dont les fleurs, très développées, répandent, surtout le soir, une odeur des plus suaves.

Thrincie hérissée. Famille des composées. Bisannuelle ou vivace. Hampes de 1 à 3 décimètres. Demi-fleurons jaunes. Prairies.

Tordyle élevé. Annuel. Fleurs blanches ou rosées. Taille de 3 à 10 décimètres. Moissons. R.

Tormentille dressée ou *potentille.* Vivace. Petites fleurs jaunes en cimes terminales et feuillées. Cette plante vient dans les prés secs. Sa racine ou souche, épaisse et rougeâtre en dedans, contient une grande quantité de tannin. Elle est souvent employée comme astringente. On en fait aussi usage pour tanner les peaux.

Triglochin des marais. Famille des juncaginées. Fleurs fort petites, d'un vert jaunâtre. Prairies humides. A. C.

Véronique à feuilles de lierre. Famille des scrofulariées. Corolle bléuâtre, rarement blanche. Terres cultivées.

Véronique agreste. Annuelle. Fleurs souvent blanches, quelquefois bleuâtres.

Véronique des champs. Annuelle. Petites fleurs en grappes, d'un bleu pâle.

Véronique petit chêne. Vivace. Fleurs élégantes, bleues, veinées.

Vesce à feuilles étroites. Légumineuse annuelle, à fleurs purpurines, violettes ou blanches, subsessiles. Tiges grimpantes. Nuisible aux moissons.

Maladies des plantes.

Il existe une multitude de champignons microscopiques qui se développent en parasites sur diverses plantes vasculaires, quelquefois même sur certains animaux. La plupart de ces champignons sont fort nuisibles à l'agriculture; leurs principales espèces appartiennent aux genres *uredo*, *oïdium*, *botrytis* et *sphacelia*.

Carie (uredo caries). Ce champignon microscopique se développe sur le froment; il naît dans l'intérieur même de ses grains, qu'il remplit d'une poussière brunâtre et fétide. Vue au microscope, la poussière dont il s'agit se montre composée de spores globuleux qui germent très facilement sous l'influence de l'humidité. Les grains cariés sont à peine déformés, mais très légers et tout à fait dépourvus de propriétés nutritives. En se mêlant avec les grains qui ont été respectés, ils altèrent notablement la qualité de la farine qui en provient; et il est bon de savoir que quelques grains malades introduits parmi ceux qu'on emploie comme semence suffisent pour communiquer la maladie aux plantes de la nouvelle récolte, à moins qu'on n'ait soumis cette semence à l'action du chaulage avant de la confier à la terre.

Le chaulage détruit les poussières qui reproduisent la carie et peut-être le charbon.

Il s'opère :

1° Par immersion, en faisant fuser la chaux dans de l'eau chaude avec un peu de sel marin, et en faisant tremper pendant plusieurs heures le blé dans ce mélange, en ayant soin de le remuer à différentes fois.

2° Par aspersion, en faisant fuser la chaux comme ci-dessus et en la répandant ensuite sur le grain pour l'en imprégner à l'aide d'une spatule.

On peut aussi répandre la chaux concassée sur le grain, puis verser dessus, en remuant sans cesse le mélange, autant d'eau qu'il en faut pour l'éteindre et la transformer en bouillie.

Quelques personnes emploient la potasse, l'acide sulfurique affaibli, le sulfate de cuivre fort étendu d'eau, etc.; mais de toutes ces matières minérales, la plus efficace, la moins dangereuse à employer, la plus facile et la moins dispendieuse à se procurer, est sans contredit la chaux.

Charbon (*uredo carbo*). Cette espèce se développe sur les glumes, sur les balles et quelquefois sur les grains de la plupart des graminées, notamment sur le froment, l'orge, l'avoine, le millet et le maïs. Elle consiste en une poussière noire, inodore, composée de spores globuleux et souvent agglutinés en petits chapelets. Le charbon occasionne de grands dommages à l'agriculture en détruisant les fleurs, en faisant avorter les grains des plantes qu'il attaque. Mais, sa poussière se dissipant avant la récolte, elle ne nuit pas à la qualité de la farine. La maladie désignée vulgairement sous le nom de *nielle* doit être rapportée à cette altération. Dans les lieux bas, et surtout pendant les années pluvieuses, on observe assez souvent sur le maïs une variété particulière de charbon. Elle consiste en tumeurs plus ou moins considérables qui se développent sur ses fleurs mâles, sur ses grains ou sur sa tige, à l'aisselle des feuilles. Ces tumeurs, qui atteignent quelquefois le volume du poing, finissent par s'ouvrir et laissent alors échapper une poussière abondante, noire et sans odeur.

Rouille (*uredo rubigo-vera*), champignon parasite, très commun sur les graminées et principalement sur le froment. Il se développe sur les feuilles, sur leur gaîne, sur la tige et sur les organes foliacés des fleurs ; il apparaît sous la forme de petites taches, d'abord blanchâtres, mais sur lesquelles l'épiderme ne tarde pas à se détruire pour mettre à découvert une poussière jaune, puis rousse, couleur de rouille, mais jamais noire. La rouille est très commune dans les lieux bas pendant les années fécondes en brouillards et en pluies. Elle épuise promptement les plantes qu'elle attaque et diminue ainsi leurs produits. Il faut ajouter que les fourrages rouillés ne constituent qu'une très mauvaise nourriture. Ils irritent l'appareil digestif, occasionnent des indigestions, des coliques, peuvent même, à la longue, altérer la composition du sang et faire éclater les maladies les plus graves, telles que les affections charbonneuses, la morve, le farcin, etc.

On ne doit pas confondre la *rouille* avec la *puccinie* et la *sphérie ponctiforme* des graminées. La première consiste en de petits champignons qui se développent sur la tige et les feuilles des céréales ; elle se présente sous la forme de petites mouchetures brunes ou noirâtres, linéaires et parallèles aux fibres. La seconde consiste en de petits champignons qui apparaissent comme des points hémisphériques, réguliers et luisants. Ces deux maladies sont moins communes et moins graves que la rouille.

Le genre *oïdium* comprend une espèce qui, sous le nom d'*oïdium de Tucker*, occasionne depuis plusieurs années les plus grands ravages sur les vignes de l'Europe. Sa première apparition fut signalée en 1844, dans les serres de Margate (Angleterre), par le jardinier Tucker. L'oïdium a pour base un mycelium composé de filaments qui s'attachent, à l'aide de petits crampons, aux rameaux, aux feuilles de la vigne et surtout à la surface des baies du raisin, qui dès lors s'altèrent et ne peuvent accomplir leur développement. De ce mycelium s'élèvent perpendiculairement de petits tubes cloisonnés dans lesquels naissent une multitude de spores qui ne tardent pas à se détacher et qui germent avec la plus grande facilité. Ce sont ordinairement ces spores qui, emportés par le vent, vont répandre au loin la maladie. De tous les moyens proposés pour combattre l'oïdium, le soufrage est celui qui, jusqu'à ce jour, a produit les meilleurs résultats. On répand la fleur de soufre au moyen de la passoire en fer-blanc et du soufflet.

Quant au genre *botrytis*, il renferme plusieurs espèces microscopiques, d'une organisation aussi très simple, réduite à un mycelium filamenteux et pourvu de spores. C'est à une de ces espèces qu'on a généralement attribué la maladie des pommes de terre. Une autre se développe sur le corps des vers à soie, d'où résulte une affection particulière appelée muscardine, et qui occasionne souvent de grandes pertes dans les magnaneries.

Sphacélie des céréales. Ce champignon vient sur le grain de plusieurs graminées, mais principalement du seigle, qui, ainsi modifié, prend le nom de *seigle ergoté* ou d'*ergot de seigle*. Il est mince, cylindracé, long de un à trois centimètres, plus ou moins arqué. Sa couleur est brune, noirâtre, violacée, son odeur nauséeuse, sa texture compacte. Il constitue, sous cet état, une substance très vénéneuse. Mêlé en certaine proportion au grain dont la farine est employée à faire du pain, il peut occasionner un empoisonnement des plus graves, désigné sous le nom d'*ergotisme*, qui s'accompagne d'étourdissements, de vertiges, amène la gangrène des parties les plus éloignées des centres circulatoires, et enfin la mort.

Administré à dose convenable, c'est un des médicaments utérins les plus actifs.

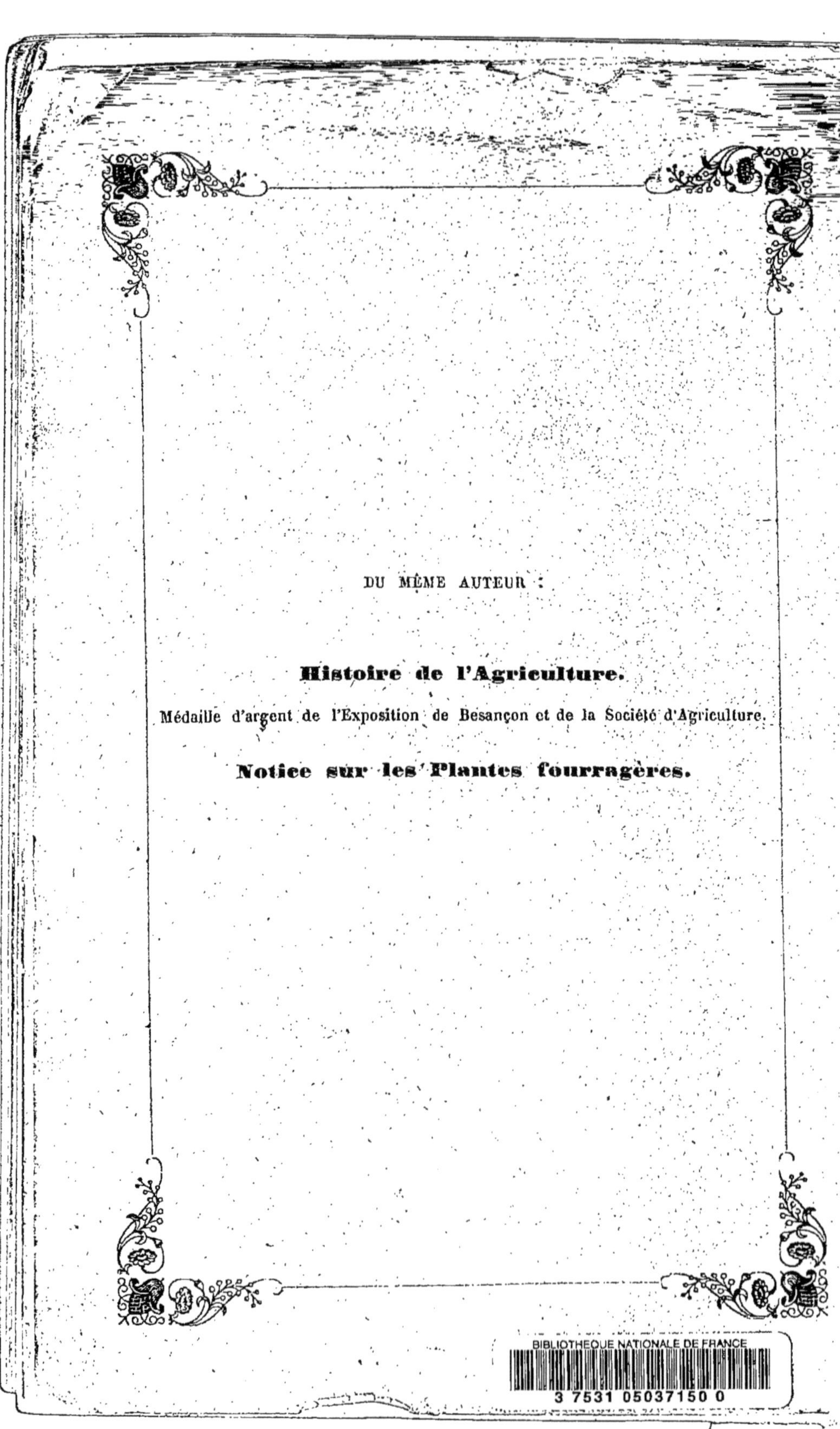

DU MÊME AUTEUR :

Histoire de l'Agriculture.

Médaille d'argent de l'Exposition de Besançon et de la Société d'Agriculture.

Notice sur les Plantes fourragères.